BEI GRIN MACHT SICH IHR WISSEN BEZAHLT

- Wir veröffentlichen Ihre Hausarbeit, Bachelor- und Masterarbeit

- Ihr eigenes eBook und Buch - weltweit in allen wichtigen Shops

- Verdienen Sie an jedem Verkauf

Jetzt bei www.GRIN.com hochladen und kostenlos publizieren

Global Cities und deren herausragende Rolle im Wirtschaftsgeschehen und Städtenetzwerk

Irina Unger

Bibliografische Information der Deutschen Nationalbibliothek:

Die Deutsche Nationalbibliothek verzeichnet diese Publikation in der Deutschen Nationalbibliografie; detaillierte bibliografische Daten sind im Internet über http://dnb.d-nb.de abrufbar.

ISBN: 9783656647652
Dieses Buch ist auch als E-Book erhältlich.

© GRIN Publishing GmbH
Trappentreustraße 1
80339 München

Druck und Bindung: Books on Demand GmbH, Norderstedt Germany
Gedruckt auf säurefreiem Papier aus verantwortungsvollen Quellen

Das Buch bei GRIN: https://www.grin.com/document/273065

UNIVERSITÄT MANNHEIM

FAKULTÄT FÜR VOLKSWIRTSCHAFTSLEHRE

LEHRSTUHL FÜR WIRTSCHAFTSGEOGRAPHIE

VORLESUNG STADTÖKONOMIE

WINTERSEMESTER: 2005/2006

HAUSARBEIT

**GLOBAL CITIES UND DEREN HERAUSRAGENDE ROLLE IM
WIRTSCHAFTSGESCHEHEN UND STÄDTENETZWERK**

Studentin der Fakultät für BWL

Studiengang:

BWL mit interkultureller Qualifikation (Anglistik/Amerikanistik)

<u>Gliederung</u>

1. Einleitung

2. Globalisierung

3. Global Cities

   3.1 Netzwerke und Hierarchien

   3.2 Global Cities im Raum

   3.3 Global Cities und ihre Region

   3.4 Global Cities/Sub-global-cities: Europa

   3.5 Ungleichheiten

4. Die Global City London

5. Fazit

6. Literatur

7. Abbildungen

1. Einleitung

Wir befinden uns in einer Zeit mit weltweit zunehmender Mobilität in den verschiedensten Perspektiven. Das Zeitalter der Kommunikations- und Informationstechnologie in der Daten – und Informationsübertragung innerhalb kürzerster Zeit erledigt werden können und räumliche Distanzen leicht zu überwinden sind. Eine Zeit etwa in der es keine Grenzen mehr gibt? Die Wirtschaft heutzutage ist nicht mehr nur auf die Grenzen ihrer Nationalstaaten begrenzt. Allerdings sind nicht nur die ökonomischen Sichtweisen hier von großer Tragweite, sondern auch die kulturellen, politischen und sozialen Gesichtspunkte. Es bilden sich neue Strukturen heraus. Insgesamt ist eine Zentralisierung an Entscheidungsmacht und Kapitalströmen zu verzeichnen. Knotenpunkte und Machtzentren an Infoströmen, Kultur und Investitionen heben sich hervor. Die Ansammlung von Kontrollkapazitäten ist der Grund, dass einige Städte weltweit eine überragende Stellung erringen. So kam es zur Entstehung von Global Cities. Wegen des kontinuierlichen Zuwachs an wirtschaftlicher Bedeutung und der Konzentration von Wirtschaftsaktivitäten, scheint die räumliche Nähe also doch eine wichtige Rolle im Wirtschaftsgeschehen zu spielen und Global Cities scheinen all dies zu bündeln. Was steckt dahinter? Wodurch zeichnen sich diese Global Cities aus? Dies sind Fragen, auf die ich im folgenden weiter eingehen möchte um die Bedeutung dieser Städte und deren Auswirkungen im ganzen Städtesystem- und Netzwerk und Wirtschaftsgeschehen genauer zu beleuchten.

2. Globalisierung

Globalisierung wurde in den letzten Jahren zu einem häufig genannten Begriff, der verschiedenen Meinungen nach erhebliche Auswirkungen auf die Wirtschaft hat. Es handelt sich um einen Prozess der Vertiefung wirtschaftlicher, kultureller und sozialer Beziehungen durch die zunehmende Integration von Märkten und Produktionssystemen. Die wirtschaftlichen Tätigkeiten haben sich in den letzten Jahren raschem Wandel unterzogen .Während früher der primäre und sekundäre Sektor(Landwirtschaft und Industrieproduktion) die Wirtschaft bestimmten, so wuchs seit Anfang der achtziger Jahre die Bedeutung des tertiären Sektors erheblich. Der internationale Handel bildet weiterhin einen wichtigen Tatbestand der globalen Wirtschaft, während er früher überwiegend durch die industrielle Produktion bestimmt war, wird der Welthandel heutzutage von den internationalen Finanzströmen (in Form von Anleihe und Wertpapier oder Devisengeschäften) bestimmt und in den Schatten gestellt. Der Handel änderte sich in den achtziger Jahren äußerst, da spezialisierte Dienstleistungen und die Transaktionen auf den Finanzmärkten sowohl in ihrer Anzahl, als auch im Umfang schnell zunahmen.[1] Diese Dominanz des Dienstleistungssektors trug erheblich zur Globalisierung bei und der extreme Bedeutungszuwachs der Finanzmärkte deckte den Bedarf der transnationalen Konzerne,(Firmen mit Zweigniederlassungen) die sich nun immer mehr verbreiten konnten und Druck auf die Nationalstaaten ausübten. In diesem Zuge stiegen die Auslandsdirektinvestitionen äußerst und dies zeigt den starken Einfluss der Unternehmen. Die Zunahme der Investitions- und Handelstätigkeit in der sogenannten Triade – U.S.A, Westeuropa, Japan – wurde gestärkt und zwischen 1986 und 1990 nahmen die Ströme an Auslandsdirektinvestitionen in den Industrieländern jährlich um 24% zu. Es zeichnete sich somit eine starke Konzentration im Finanzgewerbe ab. [2] Dienstleitungsströme und transnationale Dienstleistungsunternehmen wurden zu einem wesentlichen Bestandteil der Weltwirtschaft. Für die Durchführung solcher wirtschaftlicher Aktivitäten benötigen die Unternehmen eine gut ausgebaute und hochentwickelte Infrastruktur, sowie ein äußerst dichtes Netz an Telekommunikationsanlagen. Ein guter Standort dafür ist die Stadt. Eigentlich ermöglicht die Informations- und Kommunikationstechnologie die Durchführung und Abwicklung von Geschäften an den gewünschten Standorten. Doch durch die Komplexität der Transaktionen ist nun fraglich ob sich dies tatsächlich an jedem beliebigen Standort durchführen lässt. Für globale Wirtschaftsabläufe sind zentrale Orte erforderlich, an denen Globalisierung auch realisiert werden kann.

---

[1] Vgl. Sassen, 1997 S.28-30
[2] Vgl. Sassen, 1997 S.31-33

Es ist von großer Bedeutung, dass die benötigte materielle Infrastruktur an strategischen Knotenpunkten konzentriert zur Verfügung steht. Die Rolle der Stadt wird weiter gestärkt und führende Städte wie New York, London, Tokio heben ihre wirtschaftlichen Funktionen in einer globalen Wirtschaft hervor. Solche Städte hatten schon in der Vergangenheit tragende Bedeutung aufgrund ihrer besonderen Position, die sie durch bestimmte Funktionen auszeichnete.[3] Somit zeigt sich, dass die Rolle der Stadt über eine längere Entwicklung hinweg, gerade in den letzten Jahren noch an Wichtigkeit dazu gewann. Diese Entwicklungen wurden bereits von Geddes (1915) geschildert und unterstreichen damit die Hervorhebung der Stadt im Prozess der wirtschaftlichen Globalisierung.[4]

Da die Veränderung der Wirtschaft hin zu einem Finanz- und Dienstleistungsgewerbe begleitet wird, führt es dazu, dass die größeren Städte als Schauplatz bestimmter Aktivitäten und Funktionen an Bedeutung gewinnen.[5] Geddes definierte diese größeren Städte, sogenannte „world cities" anhand ihrer Funktionen und so auch Hall (1960). Diese an Bedeutung gewinnenden größeren Städte bezeichnete Sassen als „global cities", denen nunmehr eine strategische Rolle zukam.

3. Global Cities

Wie bereits erwähnt benötigen grenzüberschreitende, weltweite Wirtschaftsabläufe zentrale Orte. Haben sich die Funktionen der Städte in einer globalen Wirtschaft denn verändert? Spielen die Großstädte eine ganz neue Rolle und hängt dies tatsächlich mit dem globalen Wirtschaftssystem zusammen? Gerade das beidseitige bestehen von globaler Streuung und Integration wirtschaftlicher Tätigkeiten trägt dazu bei, dass bestimmten größeren Städten eine tragende Rolle zukommt. Diese Städte bezeichnet Sassen als „global cities". Was steckt hinter dieser Bezeichnung?

Es gibt ein Entwicklungsmodell, der sogenannte Global-City-Ansatz, dieser geht vom finanzindustriellen Sektor aus, wodurch Städte sowohl als Zentralen der

---

[3] Vgl. Hall 1997
[4] Geddes: Cities in Evolution
[5] Vgl. Sassen 1997 S.20

4

globalen Ökonomie, als auch Orte eines kosmopolitischen Milieu der Dienstleistungsgesellschaft angesehen werden.

Global Cities bringt als Konzept eine neue Verteilung von Streuung und Zentralisation hervor. Die globale Wirtschaft benötigt die Bündelung von Kontroll- und Steuerungsfunktionen und dies wiederum ließ die Konzentration ökonomischer Macht bestimmter Städte steigen. Diese Global Cities sind bedeutender denn je. Sie sind zentrale Standorte für hochentwickelte Dienstleistungs- und Telekommunikationsinstitutionen, wie man es für die Durchführung und das Management weltweiter wirtschaftlicher Aktivitäten erfordert. In diesen Städten sammeln sich meist die großen Konzernzentralen an.

Global Cities sind hochkonzentrierte Kommandozentralen in der Organisation der Weltwirtschaft und Schlüsselstandorte für führende Wirtschaftszweige(Finanzwesen und spezialisierte Dienstleitungen), sowie Produktionsstandorte der Gewerbezweige wozu auch die Produktion von Innovationen gehört.[6] Eine weitere Umschreibung für Global Cities ist die „world city". Eine Großstadt mit überproportionalen Anteil an weltweiten sozio-ökonomischen Verflechtungen in den Bereichen Politik, Wirtschaft, Kultur und der Betonung des kosmopolitischen Charakters dieser Städte.[7] Neben der langen Geschichte, die diese Städte als Zentren internationalen Handels und Bankwesen zu verzeichnen haben, funktionieren sie also auch in anderen Bereichen.[8] Die Veränderungen in den Funktionsweisen der Städte haben auch ihren Einfluss auf die internationalen, ökonomischen Aktivitäten und die urbane Form gefunden. Wodurch im speziellen dieser neue Typus Stadt , die Global City , entstanden ist. Einige dieser Städte ragen im weltweiten Verständnis heraus, da sie wichtiger erscheinen als andere, sie haben sich hervorgetan als „command and control centres of global capitalism".[9] All die komplexen Veränderungen und Fortschritte in der Telekommunikationstechnologie oder die Deregulierung der Märkte schuf als ein Produkt hiervon solche Städte, „....nodal points that function as control centres for the interdependent skein of material, finance and cultural flows, which together, support and sustain globalization ".[10]

---

[6] Vgl. Sassen 2001 S.3-5
[7] Vgl. Hall 1966
[8] Vgl. Readings in Urban Theory S.62-63
[9] Vgl. Beaverstock 2000
[10]Vgl. The urban geography reader: Knox 2002 S.60

5

Die Finanz- und Dienstleistungsmärkte, sowie die weltweiten Investitionstätigkeiten bilden einen wichtigen Bestandteil internationaler Transaktionen. Für diese wiederum liegt ein großer Bedarf an Steuerungsfunktionen und speziellen Dienstleistungen vor. Die Handhabung solcher Wirtschaftstätigkeiten verlangt neue Formen der Konzentration und Systemintegration. Städte werden somit bedeutender und keineswegs obsolet.[11] Es kam somit zu keiner Dezentralisierung der zentralen Kontroll- und Steuerungsfunktionen, sondern regelrechte Konzentrationsmuster lassen sich erkennen. „... the more globalized the economy becomes, the higher the agglomeration of central functions in a relatively few sites, that is, the global cities".[12] Gerade durch die Telekommunikationstechnik hat sich die Agglomeration bestimmter zentraler Aktivitäten somit scharf erhöht, denn eine territoriale Streuung der Wirtschaftstätigkeit schafft diesen umfassenden Bedarf zentraler Managementfunktionen.[13] Sassen und ebenso Castell stellen bei der Definition von Global Cities die Bildung von Netzwerken in den Vordergrund. Städte sind mehr als nur Orte mit Transaktionen, diese Städte sind Teile eines globalen Netzwerkes und stehen in ständiger Verbindung und Austausch miteinander.

3.1 Netzwerke und Hierarchien

Im Zuge der Internationalisierung und Deregulierung der Finanzmärkte kommt es zu weitreichenden Entwicklungen, die Städte miteinander verknüpfen. So scheint es, dass die Städte nicht nur zueinander in Konkurrenz stehen, sondern auch ein wirtschaftliches System bilden. Die Städte stehen in unterschiedlichen Arten und Verhältnissen miteinander in Verbindung, besonders in den Bereichen Finanzwesen und Investition, dies wiederum lässt einen Rückschluss zu, dass sie tatsächlich ein System darstellen. Das stetige Wachstum von Städten wie New York, London, Frankfurt ist ein Teil der Funktionen im globalen Netzwerk der

---

[11] Vgl. Sassen 1997 S.40
[12] Vgl. Readings in Urban Theory S.63
[13] Vgl. Sassen 1997 S.43

Finanzzentren.[14] Solche führenden Zentren bleiben also Merkmale eines globalen Systems. Gibt es denn eine globale, urbane Hierarchie? Friedman (1986) erstellte eine „world-city-hypothesis" und benutzte ein Cluster von transnationalen Headquarters (Hauptverwaltungen der Unternehmen) um London, Tokio, New York, Paris, Randstad als die Plätze an der Spitze einer Hierarchie herauszufiltern.[15] Insgesamt stellte er sieben Weltstadthypothesen auf unter anderem dass einzelne Städte vom Kapital als „basing points" (sog. Stützpunkte) zur räumlichen Ordnung von Produktion und Markt genutzt werden oder wichtigste Orte der Konzentration und Akkumulation von internationalem Kapital sind. Er definierte diese Weltstädte anhand Kriterien wie Hauptzentren von transnationalen Unternehmen sowie Umfang und Dynamik unternehmensorientierter Dienstleistungssektoren. Er unterscheidet zwischen Städten erster und zweiter Ordnung (primacy, secondary). Zu den primacy Zentren zählen Städte mit höchstrangigen Kontroll/Finanz/Dienstleistungsfunktionen beispielsweise London, New York, Paris, Rotterdam, Frankfurt, Los Angeles. Die Funktionen der secondary Zentren haben einen geringeren Stellenwert darunter fallen Madrid, Boston, Sydney. Außerdem ergibt sich der Rang einer Stadt ebenso inwieweit eine Stadt fähig ist weltweite Investitionen anzuziehen.

Allen (1999) argumentierte dass Weltstädte eher als ein Prozess angesehen werden sollten, platziert in einem Netzwerk bestehend aus Flüssen, (Info, Kapital) denn als spezifische Orte.[16] World Cities repräsentieren eine alternative Metageograhie eines von Netzwerken eher, als ein Mosaik aus Staaten bestehend. Die Verteilung von Hauptverwaltungen in Städten in eine Art Rangfolge zu bringen wurde inzwischen üblich. Castell (1996) bezeichnete die Ökonomie als eine die durch „...space of flows.." funktioniert und somit ein Netzwerk bildet aus verschiedenen Levels bestehend. Eines davon ist das world city–network. In diesem world–city–network sind die Produktion und Konsumption fortgeschrittener Dienstleistungen miteinander weltweit verbunden.[17] Die Bedeutung einer Stadt wird meist anhand von Funktionen und Wirkungsgraden ermittelt, hierbei spielen die Art von Dienstleistungen und

---

[14] Vgl. Sassen 2001 S. 172-174
[15] Vgl. Beaverstock, Smith 2000
[16] Vgl. Beaverstock, Smith 2000
[17] Vgl. The urban geography reader S. 67

deren Dichte eine enorme Rolle. Meist liegt das Augenmerk auf den Bereichen: Werbung, Finanzwesen, Rechtswesen oder Accounting. Und hieraus lässt sich dann die world-cityness ableiten. Es kann dann der Vernetzungsgrad der Städte oder deren Beziehungen zueinander festgestellt werden. (Abb.1a,1b) Das Raster von 55 Weltstädten ist in 3 Levels unterteilt: 10 Alpha Cities, 10 Beta Cities und 35 Gamma Cities. Das höchste Level bilden die Alpha Cities wie z.b. Chicago, Frankfurt, London, New York. Diese Städte zeigen uns wie die Beziehungen zwischen den Städten genauer bestimmt werden können. Sie werden versorgt über drei Regionen, die als die bedeutenden Globalisierungsarenen bezeichnet werden, nämlich; U.S, Western Europe, Pacific Asia.[18] Für Analysen der Weltwirtschaft gelangt man meist zu ähnlichen Ergebnissen, auf höchster Ebene stechen das Trio- New York, London, Tokio – heraus und zeigen deren Dominanz auf dem Finanzsektor. (Abb.2)

3.2 Global Cities im Raum

Kann man durch die Entwicklungen in der Informations- und Kommunikationstechnologie seine Unternehmen nun an jedem Ort ansiedeln? Die Vorstellungen von Raumlosigkeit bezogen auf Wirtschaftsaspekte gleicht wohl eher einer Illusion. Denn gerade Unternehmen sind abhängig von infrastrukturellen Einrichtungen um ihren wirtschaftlichen Abläufen effizient nachzukommen. Diese Ressourcen, Struktur der Verkehrsknoten oder materielle Einrichtungen wie Bürokomplexe, Arbeitskräfte, konzentrieren sich in Orten. Städte sind solche Orte an denen konkrete Wirtschaftsabläufe getätigt werden.[19] Unternehmensorientierte Dienstleistungen werden je nach Komplexität und Bedarf auf allen Ebenen (regionalen, subnationalen, globalen Märkten) in Städten erbracht. Denn in den Global Cities findet sich konzentrierte Wirtschaftsmacht. Diese Städte bieten ein strategisches Terrain für ihre Unternehmungen und zeigen die Bedeutung des Raums.

---

[18] Vgl. Beaverstock 2000
[19] Vgl. Sassen 1997 S.165

8

3.3 Global Cities und ihre Region

Städte sind schon immer mit ihrer Region verknüpft, auch wenn ihnen eine
größere Bedeutung zukommt als den umliegenden Gebieten stehen sie durch den
Fluss von Kapital und Arbeit mit ihrem Umland in Verbindung. Wie ist dies bei
Global Cities zu sehen? Wirken Global Cities heutzutage genauso auf regionaler
und nationaler Ebene wie früher bedeutende Städte? Durch die gesunkene
Bedeutung von industrieller Produktion und der im Gegensatz hierzu
gestiegenen Bedeutung des Finanz- und Dienstleistungssektors, geht es heute
vielmehr darum, dass Städte herausragen wollen, Investitionen anziehen
möchten und sich als gute Standorte (von Unternehmenszentralen,
Tochtergesellschaften) darzustellen. Die Industrie kann heutzutage teilweise
kaum noch überleben und als Gegenstück hierzu erwirtschaftet der Finanzsektor
außerordentliche Gewinne. Also wird bevorzugt in diese Sektoren investiert. Die
Umgebung von Global Cities ist teilweise ausgeschlossen von deren Wachstum
und Entwicklungen, so werden weniger bedeutende, einfache Dienstleistungen
ausgelagert, sogenannte back-offices. Im Zentrum hingegen sammeln sich teure
Bürokomplexe, moderne Restaurants und Hotels an. Frühere Industriestandorte
verzeichnen ihren Niedergang und die Global Cities weisen geballte Macht auf.[20]
Allerdings benötigen die Global Cities die Region, ohne die sie ihre
Funktionsfähigkeit sonst nie erhalten hätten, doch der Trend zur
Dezentralisierung ist unverkennbar.

Die Dezentralisierung von Fabriken, Büros und Dienstleistungszentren schuf
einen Bedarf an regionalen Subzentren, denn wenn die Möglichkeit besteht
bestimmte Aktivitäten extern durchzuführen wird dies genutzt, wo hingegen dies
bei speziellen Aktivitäten nicht der Fall ist.[21] Durch die globale Orientierung von
führenden Sektoren werden die lokalen Anlagen in bestimmten Regionen somit
in den Schatten gestellt. New York wirft beispielsweise einen Schatteneffekt

---

[20] Vgl. Sassen 1997 S.162
[21] Vgl. Readings in Urban Theory S.66-69

über die anderen U.S Staaten, London auch über seine umliegende Region, aber nicht in dem Maße wie New York.[22] Was damit zusammenhängt, dass die Politik ein einheitliches westliches Europa betreibt.

3.4 Global Cities/Sub-Global Cities: Europa

Die Verbreitung von Global Cities ist überall zu finden, im amerikanischen Teil des Netzwerkes und in der europäischen Region. Auffallend in Europa ist die Anzahl vieler kleinerer Global Cities, diese werden als sub-global bezeichnet. Sie befinden sich auf zweiter Ebene und umfassen ca. zwanzig Städte an der Zahl. Meist sind diese Städte im speziellen durch ihren politischen, kulturellen, wirtschaftlichen Kontext geprägt und stellen eine gute Alternative zu den Global Cities dar, da die sub-global-cities auf sektoraler Ebene meist erfolgreicher sind.[23] Dazu zählen beispielsweise Rom, Mailand, Brüssel und Zürich. Bemerkenswert ist auch die enge Vernetzung dieser Städte. In diesen Städten sollen vorrangig die kulturellen Charakteristika beachtet werden, was bei der Ausarbeitung des europäischen Netzwerks die meisten Schwierigkeiten bereitet, da Anliegen kleinerer Gruppen grundsätzlich leichter Einzug in die Politik finden. [24]Außerdem sind die Städte durch unterschiedliche historische und kulturelle Hintergründe geprägt. Aber gerade durch die Ansammlung vieler sub-global-cities zeigt sich, dass Europa als eine Einheit funktioniert und agiert. Der Ausbau solch eines Netzes (Telekommunikation, Verkehrsinfrastruktur) dient dazu die Distanzen innerhalb Europas möglichst schnell zu überwinden. Kurzstreckenflüge, Billig-Airlines, Sondertarife für innereuropäische Flüge, Schnellstreckenzüge all dies fördert die Zusammenarbeit der Städte. Tagungen, Seminare und Meetings können binnen kurzer Zeit(1 Tagesaufenthalte) erledigt werden und man kann seine Tätigkeiten vor Ort wieder schnellstmöglichst angehen. Dies führt zu einer wachsenden Bedeutung der Städte, aber vor allem der Regionen in Europa.

---

[22] Vgl. Beaverstock 2000
[23] Vgl. Hall 1997
[24] Vgl. Friedmann 2001 S.129

3.5 Ungleichheiten

Wie bereits dargestellt, ist zu erkennen, dass Global Cities über eine Menge an Ressourcen die Kontrolle inne haben während die Finanzmärkte und spezielle Dienstleistungsindustrien die urbane, soziale und auch ökonomische Ordnung umstrukturiert haben.[25] Kurz gesagt ziehen Global Cities sehr arme und sehr reiche Menschen an, somit herrscht innerhalb der Städte eine Polarisierung der Einkommensverteilung und Beschäftigungsstruktur. Die sogenannten „professionals" sind hochbezahlt und haben einen ganz anderen Konsumbedarf, sie beanspruchen eine Vielzahl arbeitsintensiver Dienstleistungen (Wäschereien, Feinkostläden, Restaurants). Dieser Anspruch nach teueren und schicken Wohnungen, Kultur und speziellen Konsumgütern der Führungselite steuert die Nachfrage dieses Marktes. Eben gerade diese Tätigkeiten sind Jobs, die meist von Immigranten ausgeführt werden, die hierfür allerdings meist schlecht bezahlt werden. Die Kluft zwischen den beiden Seiten wird erkennbar tiefer, die Gehälter von den gut ausgebildeten steigen, während die der vielen ungebildeten Arbeitskräfte immer weiter sinken.[26] Sassen bezeichnet diese Entwicklung als eine Segmentierung des Arbeitsmarktes.[27] Das extreme Wachstum einiger weniger Sektoren wie z. B Finanzwesen und Versicherungen, verschärft eine Unterteilung des Arbeitsmarktes nur und verhindert damit ein Wachsen der Unternehmensvielfalt. Mittelbetriebe sind in solchen Sektoren nur noch sehr wenig vorhanden dafür ist aber eine voranschreitende Vergrößerung vieler Firmen zu sehen.[28] Die Ungleichheiten in Einkommen und Beschäftigung haben ihrerseits auch wieder Folgen für den „Wohnungsmarkt". Hochbezahlte „professionals" wohnen meist zu äußerst hohen Mieten in den Innenstädten, wohingegen sich eine Mittelschicht eher im suburbanen Umfeld niederlässt. Aber gerade in Städten wie New York oder London wächst auch die Armut in den Innenstädten. Viele Bevölkerungsgruppen werden benachteiligt, während sich ein großer Teil an wirtschaftlicher Macht auf der anderen Seite konzentriert.[29] Es herrscht ein Nebeneinander von Extremen, was natürlicherweise neue Formen sozialer Ungleichheit aufzeigt. Hiermit wird

---

[25] Vgl. Readings in urban geography S. 74
[26] Vgl. Hall 1997
[27] Vgl. Sassen 1997 S.163
[28] Vgl. Hall 1997
[29] Vgl. Sassen 1997 S.168-169

deutlich, dass Global Cities durch multikulturelles Leben und eine vorherrschende Vielfalt geprägt sind. Weltweite Städte ziehen diese beiden Extrema an, beide sind integrative Bestandteile einer speziellen Unternehmenskultur, die Ansammlung wirtschaftlicher Macht und den sogenannten „Anderen", die den Bereich niedrigbezahlter Jobs ausführen, aber genauso dazu gehören.[30] Doch das Gefälle zwischen arm und reich wird immer sichtbarer (gläserne Bürogebäude und heruntergekommene Plattenbauten in Wohnsiedlungen).

4. Die Global City London

Die drei führenden und weltweit bedeutendsten Städte New York, Tokio und London und deren Finanzmärkte sind allseits bekannt.[31] Ein Paradebeispiel der Global City stellt London dar, diese Stadt wurde ja bereits öfter erwähnt. London besteht aus 32 Stadtteilen unterteilt in 755 Stadtbezirke (wards), die bilden den Greater London Ballungsraum. 1998 betrug die Bevölkerung 7,2 Millionen und mit der Metropolitan Area 15 Millionen.[32]

London weist den meisten Kontakt zu anderen Städten (Global Cities) auf und zählt zu den Alphastädten. Diese Stadt hat die größte Agglomeration internationaler Banken (1985: 434). Schon damals hatte London eine dominante Position, es hatte lange Zeit im Weltreich eine Zentrumsstellung gehabt. London war einst wichtigstes internationales Finanzzentrum und Dreh- und Angelpunkt des internationalen Systems, gerade zu Zeiten des Britischen Empire. Zu diesen Zeiten besaß London das nötige Netzwerk um auf zahlreichen kleinen Finanzplätzen weltweit verfügbare kleine Kapitalmengen konzentrieren zu können.[33] London hat einen erheblichen Anteil der internationalen Finanztransaktionen zu verbuchen, es machte 1998 fast 20% des Ganzen an „cross-border-international bank lending" aus und 36% der „over-the-counter derivatives".[34] Derzeitige Entwicklungen setzen im Grunde ein altes Muster Londons fort. Das rapide Wachstum Londons basierte auf dem Anstieg des

---

[30] Vgl. Sassen 1997 S.167-168
[31] Vgl. Sassen 2001
[32] Vgl. Sassen 2001 S.371
[33] Vgl. Sassen 1997 S.71
[34] Vgl. Sassen 2001 S.196

Finanzwesens und der Produktionsdienstleistungen. Es kam zu starker Konzentration von Finanzen und verwandten Jobs in „the City". Was zu einer von London's Stärken zählt ist z. B die hohe institutionelle Dichte, diese eignet sich besonders für leichte face-to-face Kontakte. Ab den späten Neunzigern gehörten zweidrittel aller Jobs in die FIRE-Sektoren.[35] Es lag eine Überrepräsentation von Banken, Finanzen und Versicherungen vor. Wobei hier anzumerken ist ‚dass ein weiterer Vorteil Londons in dem Arbeitsmarkt liegt, da im Vergleich zu anderen Global Cities oder sub globals ein diversifizierter Pool an Arbeitskräften vorhanden ist und die vorherrschende Sprache alles andere als Barrieren schafft.

London liegt in der gesamten Betrachtungsweise über dem nationalen Durchschnitt, doch innerhalb der Stadt sind entscheidende Unterschiede zu verzeichnen. Sehr deutlich zeigt sich die bereits erwähnte Konzentration von Banken und IT in der „City", während einfache, niedrigere Dienstleistungen im Südosten erfüllt werden.

In London herrscht ein breites Angebot an Dienstleistungen, Gütern und Arbeitern, was mit der kosmopolitischen Arbeitskultur zusammenhängt und der Größe, sowie Komplexität der Immigranten. Die Minderheiten siedeln sich meist in den inner-city Stadtvierteln an. In Inner London betrug der Minderheitenanteil 1991 25,7% und in Outer London 17%.[36] Bestimmte Stadtteile z. B Newham und Brent weisen eine hohe Konzentration an ethnischen Gruppen auf und diese ist überwiegend in den innerstädtischen Gebieten festzustellen.

London erfüllt zwei Rollen, es ist sowohl in der globalen Hierarchie als auch in der UK eine dominante Stadt. Es ist mit das wichtigste Zentrum für Prozesse von Kapital und weltweites Bankennetzwerk zu den meisten Ländern der Welt und im Euromark

Am Beispiel von London ließen sich oben genannte Charakteristika sowie Vor- und Nachteile einer Global City nochmals kurz verdeutlichen, anzumerken ist aber dass man solche Städte nicht isoliert betrachten sollte, sondern ihre Stellung im Netzwerk als wichtigen Faktor hinzuziehen.

---

[35] Finance, Insurance, Real Estate
[36] Vgl. Sassen 1997 S.141

5. Fazit

Die Zentralisierung wichtiger Funktionen und Güter in herausragenden Schaltzentralen der Wirtschaft, den Global Cities, stellen deren Bedeutung mit speziellen Dienstleistungen, transnationalen Unternehmenskonzernen und topmoderner Infrastruktur dar. Die transnationalen Konzerne nutzen diese Machtzentren und erwirtschaften Supergewinne. Die Erwirtschaftung solcher Gewinne unterstützt die Wichtigkeit der Stadt im globalen Städtenetzwerk und lokal. Je nachdem wie viel Geld in einer Stadt umgesetzt wird, desto größer ist deren Bedeutung im globalen Städtenetz. Anhand von Städtehierarchien kann man also herausfinden, was denn nötig ist um Investoren aufmerksam zu machen und anzuziehen. Doch die Kehrseite dieser Städte, zum Hervorbringen solcher Superprofite ist, dass sie nicht nur Chancen für die Wirtschaft hervorbringen, sondern auch Ungleichheiten schüren. Die Global City vereint beides, ein breitgefächertes Dienstleistungsangebot und hochmoderne Industrien, in modernen Gebieten, sowie ärmere Stadtviertel indem die Migranten vorzufinden sind, die genauso Bestandteil der Global City sind wie die „glänzenden Geschäftsviertel". Die Probleme, die aus diesen Ungleichheiten hervorgehen, werden sich nicht verringern, ganz im Gegenteil. Wie wird sich die voranschreitende High-Tech Welle auf die weltweite Wirtschaft auswirken und was können die Städte gegen die existierenden Ungleichheiten tun, damit die Kluft nicht noch größer wird? Auf diese Fragen wird zukünftig genauer eingegangen werden müssen.

6. Literatur

Beaverstock, J.V ., Smith R.G. and Taylor P.J (2000): World-City Network: A new Metageography? In: GaWC research bulletin www.lboro.ac.uk/gawc

Castell, M. (1996): The rise of the network society.

Fainstein, S.,Campbell, S.(2001): Readings in urban theory : the changing urban and regional system S. 23-72

Friedmann, J. (2001): Intercity Networks in a globalizing era. In Scott, A.J (2001): Global City Regions. Trends, theory, policy. New York S. 119-135

Fyfe, N., Kenny, J.(2005): The urban geography reader : Part 2 Globalization S.59-83

Hall, P. (1997): Megacities, World Cities and Global Cities. 1st Megacities Lecture. www.megacities.nl

Sassen, S. (1997): Metropolen des Weltmarkts. Die neue Rolle der Global Cities.

Sassen, S. (2001): The Global City. New York, London, Tokio.

Sassen, S. (2002): Global Cities: a challenge for urban scholarship. www.columbia.edu

www.kobernet.de : Die global cities.

www.lboro.ac.uk/gawc : GaWC Research Bulletin :
                             Smith, R.G: Networking the City
                             Taylor, P.J : Understanding London in a new century
                             Hoyler, M.: Funktionale Verflechtungen zw.
                                    „Weltstädten"

7. Abbildungen

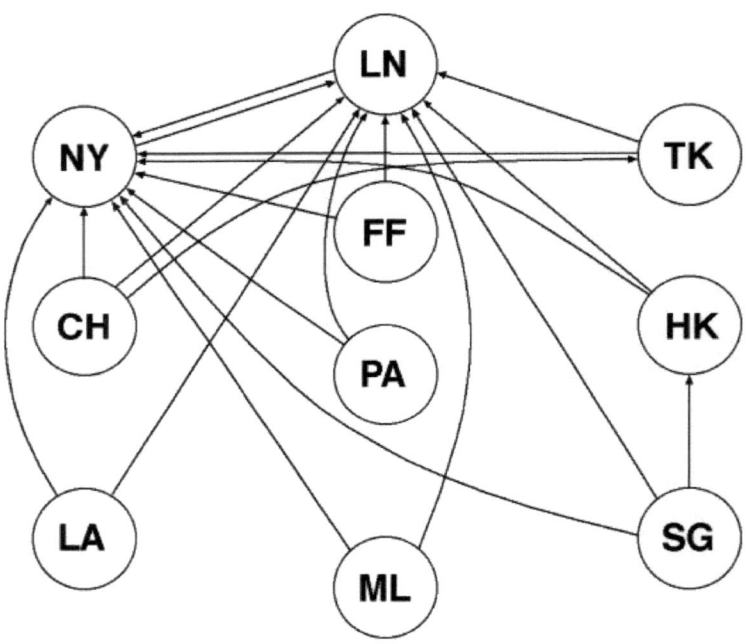

Abb.1a:Vectors showing relations between alpha world cities

Vgl. Beaverstock "world-city network"

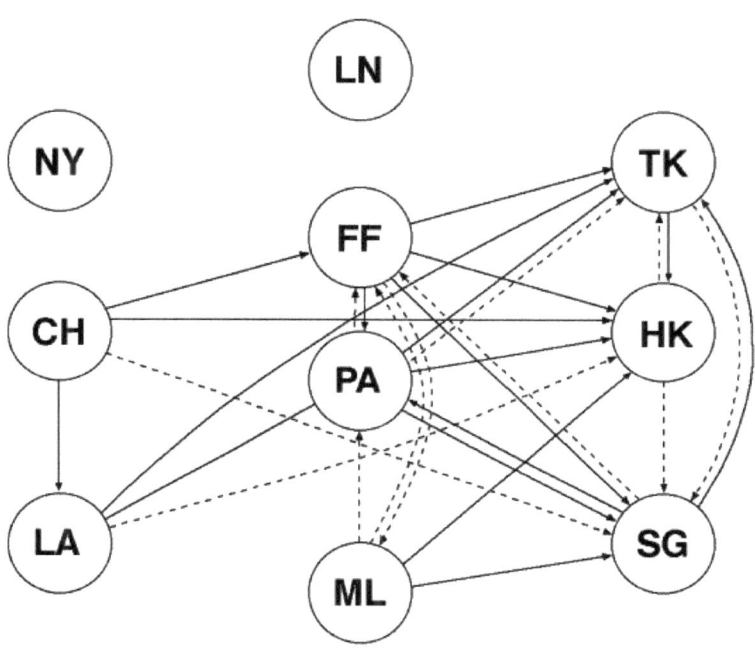

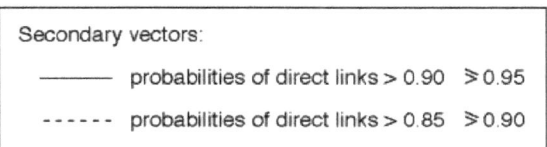

Abb.1b: Vectors showing relations between alpha world cities

Vgl. Beaverstock "world-city network"

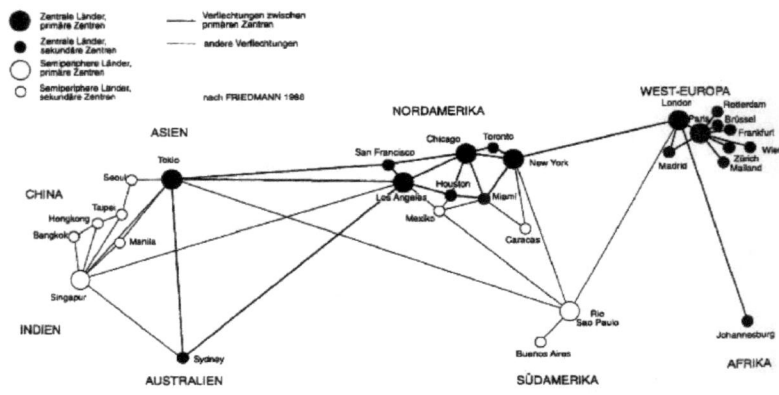

Abb.2: Hierarchie der Weltstädte

(Quelle: Kulke, 1999, S.14)